家装我做主

玄关 过道设计与材料 施工详解

《玄关 过道设计与材料 施工详解》编写组 编

配　　文：吴晓东　齐海梅

图片提供：徐宾宾　欧阳云　黄子平　邹筠娟　李　斌
　　　　　张　玄　贾春萍　王　琪　罗玉婷　易　蔷

 海峡出版发行集团 | 福建科学技术出版社
THE STRAITS PUBLISHING & DISTRIBUTING GROUP | FUJIAN SCIENCE & TECHNOLOGY PUBLISHING HOUSE

图书在版编目（CIP）数据

玄关过道设计与材料施工详解/《玄关过道设计与
材料施工详解》编写组编. —福州：福建科学技术出版
社，2013.7
（家装我做主）
ISBN 978-7-5335-4308-2

Ⅰ.①玄… Ⅱ.①玄… Ⅲ.①住宅－门厅－室内装饰
设计②住宅－门厅－室内装修－装修材料 Ⅳ.①
TU241②TU56

中国版本图书馆CIP数据核字(2013)第124476号

书　　名　玄关 过道设计与材料 施工详解
编　　者　《玄关过道设计与材料 施工详解》编写组
出版发行　海峡出版发行集团
　　　　　福建科学技术出版社
社　　址　福州市东水路76号（邮编350001）
网　　址　www.fjstp.com
经　　销　福建新华发行（集团）有限责任公司
印　　刷　福建彩色印刷有限公司
开　　本　889毫米×1194毫米　1/16
印　　张　6
图　　文　96码
版　　次　2013年7月第1版
印　　次　2013年7月第1次印刷
书　　号　ISBN 978-7-5335-4308-2
定　　价　29.80元
书中如有印装质量问题，可直接向本社调换

Preface
写在前面

　　如今装修新居，人们更注重追求时尚和个性，因此，总要千方百计地寻找可资借鉴的家装设计资料作参考，以便更好地打造自己的家居风格。为了满足广大读者的需求，我们从全国各地优秀设计师最新设计的家居设计作品中，精选出一批优秀的家居设计作品，编成了"家装我做主"丛书。本套丛书内容紧跟时代流行趋势，注重家居的个性化，并根据客厅、餐厅、卧室、玄关、过道等功能空间分册，以实景照片的形式展示了设计实例，以满足广大读者不同的需求，选择适合自己风格的设计方案，打造理想的家居环境。

　　本套丛书的最大特点是，除了提供读者相关的家居设计实景照片外，还介绍了这些实例的材料和主要墙面的施工要点，以便广大读者在选择适合自己的家装方案的同时，能了解方案中所运用的材料和施工要点等。

　　我们真诚希望，本套丛书能为广大追求理想家居的人们，特别是准备购买和装修家居的人们提供有益的借鉴，也希望能为从事室内装饰设计的人员和有关院校的师生提供参考。

编者

2013 年 6 月

玄关墙面用水泥砂浆找平，整个墙面满刮三遍腻子，用砂纸打磨光滑，刷底漆、有色面漆，最后固定踢脚线。

主要材料：①复合实木地板　②大理石　③有色乳胶漆

玄关矮台用青砖砌成，清洁表面，刷清漆。用木工板做出矮柜，贴装饰面板后刷油漆，最后用螺钉固定黑铁架。

主要材料：①仿古砖　②青砖　③通花板

入户玄关处墙面有用水泥砂浆找平，墙面满刮三遍腻子，用砂纸打磨光滑，刷底漆、面漆，安装踢脚线。用螺钉将订制的通花板固定在地面与吊顶间。

主要材料：①泰柚木饰面板　②仿古砖　③通花板

入户处墙面用水泥砂浆找平，整个墙面满刮三遍腻子，用砂纸打磨光滑，刷底漆、有色面漆，最后固定踢脚线。

主要材料：①仿古砖　②有色乳胶漆

入户玄关用成品木花格装饰，待室内硬装完成后，用螺钉将其固定在地面与吊顶间。

主要材料：①仿古砖　②木花格　③壁纸

入户墙面用水泥砂浆找平，用湿贴的方式将仿古砖固定在墙面上。剩余墙面用木工板打底，用气钉及万能胶将订制的软包分块固定在底板上。

主要材料：①仿古砖　②软包　③白色乳胶漆

玄关墙面用木工板打底并做出隐形门结构，墙面贴柚木和铁刀木饰面板，刷油漆。剩余墙面满刮三遍腻子，用砂纸打磨光滑，刷底漆、白色及有色面漆。

主要材料：①柚木饰面板　②大理石　③玻化砖

玄关墙面用水泥砂浆找平，用 AB 胶将毛石固定在墙面上，用白水泥将马赛克固定在墙面上，完工后用勾缝剂填缝。用木工板做出墙面上的造型，满刮腻子，刷底漆、面漆。

主要材料：①马赛克　②毛石　③白色乳胶漆

玄关墙面用水泥砂浆找平，整个墙面满刮三遍腻子，用砂纸打磨光滑，刷底漆、有色面漆，最后安装实木踢脚线。

主要材料：①有色乳胶漆　②实木踢脚线　③玻化砖

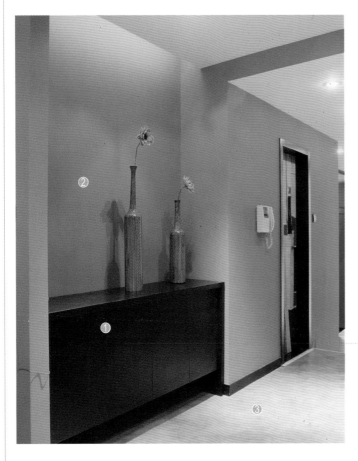

玄关墙面用水泥砂浆找平，用白水泥将马赛克固定在墙面上。用木工板做出鞋柜，贴水曲柳饰面板后刷油漆。剩余墙面满刮三遍腻子，用砂纸打磨光滑，刷底漆、有色面漆。

主要材料：①马赛克　②有色乳胶漆　③复合实木地板

玄关墙面用水泥砂浆找平，用木工板做出鞋柜造型，贴铁刀木饰面板后刷油漆。剩余墙面满刮三遍腻子，用砂纸打磨光滑，刷底漆、有色面漆。

主要材料：①铁刀木饰面板　②有色乳胶漆　③仿古砖

玄关墙面用水泥砂浆找平，整个墙面满刮三遍腻子，用砂纸打磨光滑，固定成品实木线条及木花格，墙面刷一层基膜，用环保白乳胶配合专业壁纸粉将壁纸固定在墙面上。

主要材料：①玻化砖 ②壁纸 ③银镜

玄关墙面用水泥砂浆找平，用木工板及硅酸钙板做出墙面上的造型，层板及部分墙面刷油漆。剩余墙面满刮三遍腻子，用砂纸打磨光滑，刷底漆、面漆。

主要材料：①白色乳胶漆 ②防腐木

玄关端景墙用木工板做出层板，贴装饰面板后刷油漆。部分墙面用玻璃砖砌成。剩余墙面满刮三遍腻子，用砂纸打磨光滑，刷底漆、面漆。

主要材料：①白色乳胶漆 ②玻璃砖 ③仿古砖

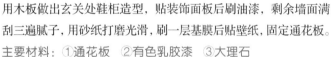

用木板做出玄关处鞋柜造型，贴装饰面板后刷油漆，剩余墙面满刮三遍腻子，用砂纸打磨光滑，刷一层基膜后贴壁纸，固定通花板。

主要材料：①通花板　②有色乳胶漆　③大理石

用木工板做出玄关墙面上的储物柜，贴装饰面板后刷油漆。镜面基层用木工板打底，剩余墙面满刮三遍腻子，用砂纸打磨光滑，刷底漆、面漆。用粘贴固定的方式将银镜固定在底板上，安装收边线条。

主要材料：①银镜　②白色乳胶漆　③复合实木地板

玄关端景墙面用水泥砂浆找平，用湿贴的方式将仿古砖固定在墙面上，完工后用勾缝剂填缝，清洁表面。

主要材料：①仿古砖 ②白色乳胶漆 ③实木踢脚线

玄关墙面用水泥砂浆找平，用木工板做出储物柜造型，贴白橡木饰面板后刷油漆。镜子基层用木工板打底，用玻璃胶将银镜固定在底板上，完工后用密封胶密封，最后固定踢脚线。

主要材料：①壁纸　②银镜　③复合实木地板

玄关端景墙面用水泥砂浆找平，整个墙面满刮三遍腻子，用砂纸打磨光滑，刷底漆、有色面漆，安装实木踢脚线，固定实木挂件。

主要材料：①有色乳胶漆　②实木踢脚线　③复合实木地板

玄关墙面用水泥砂浆找平，用木工板做出鞋柜造型，贴装饰面板后刷油漆。剩余墙面满刮三遍腻子，用砂纸打磨光滑，刷一层基膜后贴壁纸。

主要材料：①白色乳胶漆　②有色乳胶漆　③壁纸

玄关转角墙面用水泥砂浆找平，用湿贴的方式将铁锈石砖固定在墙面上，完工后用白色勾缝剂填缝。用白水泥将马赛克固定在矮台上，最后固定石材。

主要材料：①铁锈砖　②马赛克　③白色乳胶漆

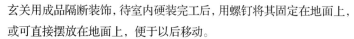

玄关用成品隔断装饰，待室内硬装完工后，用螺钉将其固定在地面上，或可直接摆放在地面上，便于以后移动。

主要材料：①有色乳胶漆 ②仿古砖 ③实木踢脚线

玄关墙面用水泥砂浆找平，整个墙面满刮三遍腻子，用砂纸打磨光滑，刷一层基膜，用环保白乳胶配合专业壁纸粉将壁纸固定在墙面上，最后固定实木踢脚线。

主要材料：①白色乳胶漆 ②壁纸 ③仿古砖

用木工板做出玄关处两侧木结构，贴装饰面板后刷油漆，最后用螺钉及万能胶固定成品通花板。

主要材料：①大理石 ②通花板 ③玻化砖

用木工板做出墙面上的鞋柜，贴装饰面板后刷油漆。剩余墙面满刮三遍腻子，用砂纸打磨光滑，刷底漆、有色面漆，最后安装实木踢脚线。

主要材料：①有色乳胶漆 ②水曲柳饰面板 ③复合实木地板

玄关端景墙面用水泥砂浆找平。整个墙面满刮三遍腻子，用砂纸打磨光滑，刷底漆、面漆，最后安装实木踢脚线。

主要材料：①白色乳胶漆 ②仿古砖 ③壁纸

玄关墙面用水泥砂浆找平，用木工板做出储物柜造型，贴装饰面板后刷油漆。剩余墙面满刮三遍腻子，用砂纸打磨光滑，刷底漆、面漆，安装实木踢脚线。

主要材料：①白色乳胶漆 ②仿古砖 ③实木踢脚线

用木工板在入户处做出鞋柜造型，贴装饰面板后刷油漆。剩余顶部梁，满刮三遍腻子，用砂纸打磨光滑，刷底漆、面漆。

主要材料：①白色乳胶漆 ②玻化砖 ③实木踢脚线

入户墙面用水泥砂浆找平，用木工板做出矮柜，贴枫木饰面板后刷油漆。剩余墙面用硅酸钙板离缝打底，墙面满刮三遍腻子，用砂纸打磨光滑，刷底漆、有色面漆。用玻璃胶将银镜固定在底板上。

主要材料：①银镜　②玻化砖　③白色乳胶漆

入户玄关墙面用水泥砂浆找平，用木工板做出储物柜，贴水曲柳饰面板后刷油漆。用硅酸钙板做出剩余墙面上的凹凸造型，满刮三遍腻子，用砂纸打磨光滑，刷底漆、面漆，刷一层基膜后贴壁纸，安装实木踢脚线。

主要材料：①水曲柳饰面板　②壁纸　③玻化砖

玄关端景墙用红砖砌成通透造型，清洁干净表面的水泥砂浆后，刷白色水泥漆，安装踢脚线。

主要材料：①壁纸　②仿古砖　③白色乳胶漆

玄关墙面用木工板做出储物柜造型，贴装饰面板后刷油漆，剩余墙面满刮三遍腻子，用砂纸打磨光滑，刷底漆、面漆。

主要材料：①白色乳胶漆 ②水曲柳饰面板擦色 ③仿古砖

玄关端景用红砖砌成设计图中造型，清洁干净表面后，刷白色水泥漆，用木工板做出储物柜，贴橡木饰面板后刷油漆。

主要材料：①白色乳胶漆 ②橡木饰面板 ③玻化砖

玄关墙面用水泥砂浆找平，用湿贴的方式将踢脚线固定在墙面上，用木工板做出墙面上的木结构及层板，贴斑马木饰面板后刷油漆。剩余墙面满刮三遍腻子，用砂纸打磨光滑，刷底漆、面漆。

主要材料：①斑马木饰面板 ②玻化砖 ③马赛克

用木工板及硅酸钙板做出玄关处凹凸造型，层板及抽屉贴装饰面板后刷油漆。剩余墙面满刮三遍腻子，用砂纸打磨光滑，刷底漆、面漆，部分墙面刷一层基膜后贴壁纸。最后固定磨砂玻璃。

主要材料：①玻化砖 ②壁纸 ③磨砂玻璃

玄关墙面用水泥砂浆找平，用湿贴的方式将仿古砖固定在墙面上，完工后用勾缝剂填缝，清洁干净表面。

主要材料：①仿古砖 ②橡木饰面板 ③白色乳胶漆

玄关墙面用水泥砂浆找平，用木工板做出鞋柜及墙面上的收边线条，贴胡桃木饰面板后刷油漆。剩余墙面满刮三遍腻子，用砂纸打磨光滑，刷一层基膜后贴壁纸。

主要材料：①壁纸 ②仿古砖 ③胡桃木饰面板

用湿贴的方式将文化石固定在墙面上，完工后用白色勾缝剂填缝，用木工板做出收边线条，贴装饰面板后刷油漆。剩余墙面满刮三遍腻子，用砂纸打磨光滑，刷底漆、面漆，最后安装实木踢脚线与装饰通花板。

主要材料：①白色乳胶漆 ②文化石 ③通花板

玄关墙面用水泥砂浆找平，用湿贴的方式将墙砖固定在墙面上，完工后用勾缝剂填缝，清洁干净表面。

主要材料：①墙砖 ②白色乳胶漆 ③仿古砖

玄关墙面用水泥砂浆找平，用湿贴的方式将文化石固定在墙面上，固定成品储物柜。

主要材料：①文化石 ②白色乳胶漆 ③仿古砖

玄关墙面用水泥砂浆找平，用木工板打底，贴铁刀木饰面板后刷油漆。

主要材料：①玻化砖 ②白色乳胶漆 ③铁刀木饰面板

用湿贴的方式将文化石固定在墙面上，用AB胶将大理石固定在矮台上。剩余墙面用木工板打底，贴柚木饰面板后刷油漆。

主要材料：①文化石 ②大理石 ③柚木饰面板

玄关 过道设计与材料 施工详解

◆玄关

玄关墙面用水泥砂浆找平，整个墙面满刮三遍腻子，用砂纸打磨光滑，刷底漆、面漆。用螺钉及胶水将定制的木花格固定在墙面上。

主要材料：①玻化砖　②白色乳胶漆　③实木花格

用木工板做出储物鞋柜柜体，贴装饰面板后刷油漆，剩余墙面满刮三遍腻子，用砂纸打磨光滑，刷底漆、面漆，刷一层基膜后贴壁纸。安装成品柜门及通花板，最后安装实木踢脚线。

主要材料：①壁纸　②白色乳胶漆　③通花板

玄关墙面用水泥砂浆找平，整个墙面满刮三遍腻子，用砂纸打磨光滑，刷底漆，固定成品实木窗户及窗套，刷面漆，最后安装实木踢脚线。

主要材料：①白色乳胶漆　②复合实木地板③仿古砖

用木工板做出墙面上的凹凸结构及储物柜造型，雕花银镜基层用木工板打底，剩余墙面满刮三遍腻子，用砂纸打磨光滑，刷底漆、面漆。用粘贴固定的方式将雕花银镜固定在底板上，固定踢脚线，最后安装柜门。

主要材料：①雕花银镜　②大理石　③白色乳胶漆

玄关端景用实木花格板装饰，待室内硬装基本完成后，用螺钉将其固定在地面与吊顶间。

主要材料：①花格板　②白色乳胶漆　③玻化砖

入户左侧墙面防潮处理后用木工板打底，收边线条贴装饰面板后刷油漆，用粘贴固定的方式固定灰镜，剩余墙面满刮三遍腻子，用砂纸打磨光滑，刷底漆、面漆。

主要材料：①灰镜　②大理石　③白色乳胶漆

用木工板做出木框结构，贴柚木饰面板后刷油漆。将定制的通花板固定在木结构上。

主要材料：①软包　②柚木饰面板　③木纹砖

按照设计图纸在墙面上弹线放样，用白水泥将马赛克固定在墙面上。用木工板做出储物柜造型，贴装饰面板后刷油漆。剩余墙面满刮三遍腻子，用砂纸打磨光滑，刷底漆、有色面漆。

主要材料：①马赛克 ②有色乳胶漆 ③仿古砖

用木工板在玄关墙面上做出储物柜造型，贴装饰面板后刷油漆。银镜基层用木工板打底，用粘贴固定的方式固定，完工后用密封胶密封。

主要材料：①白色乳胶漆 ②银镜 ③玻化砖

玄关墙面用水泥砂浆找平，用木工板做出储物柜造型，贴装饰面板后刷油漆。剩余墙面满刮三遍腻子，用砂纸打磨光滑，刷底漆、面漆，固定不锈钢踢脚线。

主要材料：①白色乳胶漆 ②复合实木地板 ③不锈钢踢脚线

玄关墙面用水泥砂浆找平，用湿贴的方式将文化石固定在凹进去的墙面上，剩余墙面满刮三遍腻子，用砂纸打磨光滑，刷底漆、面漆，安装实木踢脚线。

主要材料：①白色乳胶漆 ②马赛克 ③文化石

玄关处部分墙面用木工板打底，贴装饰面板后刷油漆。剩余墙面满刮三遍腻子，刷底漆、面漆。安装固定百叶帘。

主要材料：①大理石　②玻化砖　③白色乳胶漆

玄关墙面用水泥砂浆找平，整个墙面满刮三遍腻子，用砂纸打磨光滑，用快干粉固定石膏线条，刷底漆、面漆，固定实木踢脚线。

主要材料：①白色乳胶漆　②有色乳胶漆　③大理石

玄关墙面用水泥砂浆找平，用木工板做出储物柜造型，贴沙比利饰面板后刷油漆。银镜基层用木工板打底，用玻璃胶将其固定在底板上，完工后用密封胶密封。

主要材料：①玻化砖　②沙比利饰面板　③银镜

墙面用水泥砂浆找平，用湿贴的方式将鹅卵石固定在墙面上，用木工板做出收边线条，贴装饰面板后刷油漆。

主要材料：①仿古砖　②鹅卵石　③白色乳胶漆

玄关墙面用水泥砂浆找平，用湿贴的方式将仿古砖固定在墙面上。用木工板做出灯槽结构，贴装饰面板后刷油漆。

主要材料：①仿古砖　②装饰面板　③米黄石材

玄关墙面用水泥砂浆找平，按照设计图纸，用木工板做出储物柜造型，贴装饰面板后刷油漆。

主要材料：①白色乳胶漆　②玻化砖　③大理石

墙面用水泥砂浆找平，用湿贴的方式固定文化石，完工后用勾缝剂填缝。用木工板做出设计图中造型，贴装饰面板后刷油漆。

主要材料：①文化石　②白色乳胶漆　③装饰面板

玄关端景用成品实木通花板装饰，待室内硬装基本完成，用螺钉及胶水将其固定在地面与吊顶间。

主要材料：①仿古砖　②复合实木地板　③通花板

玄关隔断用三扇通花板装饰，待室内硬装基本完成后，将定制的通花板固定在地面与吊顶间。

主要材料：①通花板　②白色乳胶漆　③玻化砖

玄关墙面用水泥砂浆找平，墙面做防潮处理后用木工板打底，用螺丝固定的方式将银镜分块固定在底板上，完工后用密封胶密封。

主要材料：①玻化砖　②银镜③复合实木地板

用木工板做出玄关墙面两侧的收边线条，贴装饰面板后刷油漆。整个墙面满刮三遍腻子，用砂纸打磨光滑，刷底漆、有色面漆，固定实木踢脚线。

主要材料：①有色乳胶漆 ②白色乳胶漆 ③复合实木地板

用木工板做出入户墙面上的隐形门造型，贴装饰面板后擦色处理，剩余墙面刷有色水泥漆。

主要材料：①有色乳胶漆 ②仿古砖 ③木饰面板

用湿贴的方式将踢脚线固定在墙面上。用木工板做出墙面上的储物柜造型，贴装饰面板后刷油漆。剩余墙面满刮三遍腻子，用砂纸打磨光滑，刷底漆、有色面漆。

主要材料：①仿古砖 ②有色乳胶漆 ③白色乳胶漆

玄关墙面用水泥砂浆找平，用木工板做出储物柜造型，贴装饰面板后刷油漆。剩余墙面满刮三遍腻子，刷底漆、有色面漆，最后安装实木踢脚线。

主要材料：①有色乳胶漆 ②仿古砖 ③实木踢脚线

入户处墙面用水泥砂浆找平，用湿贴的方式固定踢脚线。整个墙面满刮三遍腻子，用砂纸打磨光滑，刷底漆、有色面漆。最后固定镜子及装饰挂件。

主要材料：①白色乳胶漆 ②有色乳胶漆 ③仿古砖

入户处墙面用水泥砂浆找平，整个墙面满刮三遍腻子，用砂纸打磨光滑，刷底漆、面漆，固定成品层板及台面，最后安装实木踢脚线。

主要材料：①复合实木地板 ②白色乳胶漆 ③钢化玻璃

玄关墙面用水泥砂浆找平，部分墙面用木工板打底，贴装饰面板后刷油漆。剩余墙面用硅酸钙板离缝拼贴，满刮三遍腻子，用砂纸打磨光滑，刷底漆、有色面漆。最后固定成品通花板。

主要材料：①有色乳胶漆 ②大理石 ③通花板

用白水泥将马赛克固定在墙面上，用木工板做出玄关墙面两侧的收边线条，贴装饰面板后刷油漆。

主要材料：①有色乳胶漆　②马赛克　③复合实木地板

入户阳台处的墙面用木工板打底，用气钉将实木条固定在底板上，然后染色处理。

主要材料：①文化石　②实木板　③白色乳胶漆

玄关墙面用水泥砂浆找平，用湿贴的方式将文化石固定在墙面上，完工后用勾缝剂填缝。剩余墙面满刮三遍腻子，用砂纸打磨光滑，刷底漆、有色面漆，固定百叶门板及踢脚线。

主要材料：①有色乳胶漆　②文化石　③复合实木地板

玄关墙面用水泥砂浆找平，用木工板做出层板及鞋柜造型，贴装饰面板后刷油漆。剩余墙面满刮三遍腻子，用砂纸打磨光滑，刷底漆、有色面漆。

主要材料：①有色乳胶漆　②仿古砖　③白色乳胶漆

玄关墙面用水泥砂浆找平，整个墙面满刮三遍腻子，用砂纸打磨光滑，刷底漆，固定成品实木窗套，刷面漆，固定踢脚线。

主要材料：①壁纸　②仿古砖　③白色乳胶漆

玄关端景墙面用水泥砂浆找平，整个墙面满刮三遍腻子，用砂纸打磨光滑，刷底漆，固定实木窗套线及通花板，刷有色面漆，安装实木踢脚线。

主要材料：①有色乳胶漆　②复合实木地板　③白色乳胶漆

玄关墙面用水泥砂浆找平，整个墙面满刮三遍腻子，用砂纸打磨光滑，刷一层基膜，用环保白乳胶配合专业壁纸粉将壁纸固定在墙面上，最后安装踢脚线。

主要材料：①壁纸　②镜面玻璃　③人造大理石

玄关 过道设计与材料 施工详解

◆ 玄关

玄关墙面用水泥砂浆找平，整个墙面满刮三遍腻子，用砂纸打磨光滑，刷底漆，固定实木窗套线，刷面漆，部分墙面刷一层基膜后贴壁纸。安装实木踢脚线及木花格。

主要材料：①有色乳胶漆　②复合实木地板　③木花格

用木工板做出设计图中鞋柜造型，贴水曲柳饰面板后刷油漆。剩余墙面满刮三遍腻子，用砂纸打磨光滑，刷底漆、面漆，最后安装实木踢脚线。

主要材料：①白色乳胶漆　②玻化砖　③水曲柳饰面板

玄关隔断用成品通花板装饰，待室内硬装基本完成后，用螺钉及胶水将其固定在地面与吊顶间。

主要材料：①玻化砖　②通花板　③有色乳胶漆

玄关墙面用水泥砂浆找平，用湿贴的方式将仿古砖固定在墙面上，完工后用勾缝剂填缝。

主要材料：①仿古砖 ②白色乳胶漆

玄关墙面用水泥砂浆找平，用木工板做出储物柜柜体，刷油漆。固定钢化玻璃，最后安装定制的柜门。

主要材料：①米黄石材 ②白色乳胶漆 ③钢化玻璃

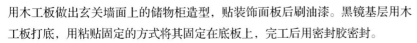

用木工板做出玄关墙面上的储物柜造型，贴装饰面板后刷油漆。黑镜基层用木工板打底，用粘贴固定的方式将其固定在底板上，完工后用密封胶密封。

主要材料：①黑镜 ②白色乳胶漆 ③玻化砖

用木工板做出储物柜造型，贴装饰面板后刷油漆，用玻璃胶将黑镜固定在底板上。最后固定成品通花板。

主要材料：①黑镜 ②白色乳胶漆 ③玻化砖

玄关端景墙用水泥砂浆找平，整个墙面满刮三遍腻子，用砂纸打磨光滑，刷底漆，安装成品通花板，刷有色面漆，最后安装实木踢脚线。

主要材料：①仿古砖　②实木踢脚线　③有色乳胶漆

用湿贴的方式将文化石固定在墙面上，用木工板及硅酸钙板做出墙面上的弧形造型。整个墙面满刮三遍腻子，用砂纸打磨光滑，刷一层基膜，用环保白乳胶配合专业壁纸粉将壁纸固定在墙面上，安装踢脚线。

主要材料：①壁纸　②仿古砖　③文化石

玄关墙面用水泥砂浆找平，整个墙面用肌理漆饰面。

主要材料：①肌理漆　②仿古砖　③有色乳胶漆

玄关墙面用水泥砂浆找平，用湿贴的方式将文化石固定在墙面上，完工后用勾缝剂填缝。

主要材料：①文化石　②防腐木　③鹅卵石

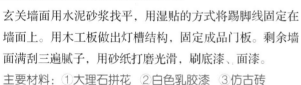

玄关墙面用水泥砂浆找平，用湿贴的方式将踢脚线固定在墙面上。用木工板做出灯槽结构，固定成品门板。剩余墙面满刮三遍腻子，用砂纸打磨光滑，刷底漆、面漆。
主要材料：①大理石拼花 ②白色乳胶漆 ③仿古砖

玄关墙面用水泥砂浆找平，用白水泥将马赛克踢脚线固定在墙面上。剩余墙面满刮三遍腻子，用砂纸打磨光滑，用有色肌理漆饰面。
主要材料：①肌理漆 ②仿古砖 ③马赛克

用木工板做出储物柜造型，贴铁刀木饰面板后刷油漆。银镜基层用木工板打底，用粘贴固定的方式将其固定在底板上，完工后用密封胶密封。
主要材料：①银镜 ②白色乳胶漆 ③玻化砖

用湿贴的方式将仿古砖固定在玄关端景墙两侧，完工后用勾缝剂填缝。用白水泥将马赛克固定在墙面上。用木工板做出收边线条，贴装饰面板后刷油漆。

主要材料：①防腐木 ②马赛克 ③仿古砖

玄关墙面由储物柜构成，按照设计图纸用木工板做出柜子造型，贴装饰面板后刷油漆。

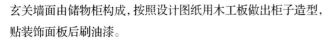

主要材料：①有色乳胶漆 ②玻化砖 ③装饰面板

用木工板做出入户玄关处鞋柜造型，贴装饰面板后刷油漆，固定内嵌银镜的雕花密度板。安装成品柜门，最后固定珠帘。

主要材料：①复合实木地板 ②实木踢脚线 ③雕花密度板

玄关墙面用水泥砂浆找平，用湿贴的方式将仿古砖固定在墙面上。用木工板做出柜子，贴装饰面板后刷油漆。绿镜饰面的墙面用木工板打底，用粘贴固定的方式固定。剩余墙面满刮腻子，刷底漆、有色面漆。

主要材料：①仿古砖 ②白色乳胶漆 ③有色乳胶漆

墙面用水泥砂浆找平，用湿贴的方式将文化石固定在墙面上，剩余墙面满刮三遍腻子，用砂纸打磨光滑，刷底漆、有色面漆。

主要材料：①仿古砖 ②有色乳胶漆 ③文化石

入户花园墙面用木纹砖饰面，墙面用水泥砂浆找平，用湿贴的方式固定砖，完工后用勾缝剂填缝。

主要材料：①白色乳胶漆 ②木纹砖 ③大理石

按照设计需求，玄关矮墙砌成弧形造型，墙面用水泥砂浆找平，用白水泥将马赛克固定在墙面上。剩余墙面满刮三遍腻子，用砂纸打磨光滑，刷底漆、有色面漆。

主要材料：①马赛克　②仿古砖　③白色乳胶漆

玄关墙面用水泥砂浆找平，整个墙面满刮三遍腻子，用砂纸打磨光滑，刷一层基膜，用环保白乳胶配合专业壁纸粉将壁纸固定在墙面上，最后固定实木踢脚线。

主要材料：①壁纸　②实木踢脚线　③仿古砖

入户墙面用水泥砂浆找平，整个墙面满刮三遍腻子，用砂纸打磨光滑，刷底漆、面漆，安装钢化玻璃隔墙，完工后用密封胶密封。最后安装实木踢脚线。

主要材料：①白色乳胶漆　②复合实木地板　③钢化玻璃

玄关用成品隔断作为屏风，待室内硬装基本完成后，用螺钉将其固定在地面与吊顶间。

主要材料：①玻化砖　②白色乳胶漆　③橡木集成板

用木工板做出入户墙面上储物柜造型，贴装饰面板后刷油漆，安装成品百叶门板。剩余墙面满刮三遍腻子，用砂纸打磨光滑，刷底漆、有色面漆，最后安装实木踢脚线。

主要材料：①仿古砖 ②实木踢脚线 ③有色乳胶漆

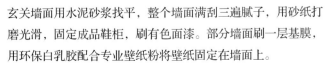

玄关墙面用水泥砂浆找平，整个墙面满刮三遍腻子，用砂纸打磨光滑，固定成品鞋柜，刷有色面漆。部分墙面刷一层基膜，用环保白乳胶配合专业壁纸粉将壁纸固定在墙面上。

主要材料：①有色乳胶漆 ②壁纸 ③仿古砖

用木工板做出入户鞋柜造型，贴装饰面板后刷油漆。剩余墙面满刮三遍腻子，用砂纸打磨光滑，刷底漆、有色面漆。

主要材料：①有色乳胶漆 ②仿古砖

玄关墙面用水泥砂浆找平，用湿贴的方式将文化石固定在墙面上，完工后用白色勾缝剂填缝。剩余墙面满刮三遍腻子，用砂纸打磨光滑，刷底漆、面漆，最后安装实木踢脚线。

主要材料：①文化石 ②白色乳胶漆 ③复合实木地板

入户墙面用水泥砂浆找平，用木工板做出鞋柜造型，贴饰面板后刷油漆。剩余墙面用木工板打底，用粘贴固定的方式将银镜分块固定在底板上，完工后用密封胶密封。

主要材料：①银镜 ②白色乳胶漆 ③大理石

玄关整个墙面用木工板打底，用木工板做出鞋柜造型及隐形门结构，贴实木集成板材，刷油漆。

主要材料：①仿古砖 ②白色乳胶漆 ③实木集成板材

用木工板做出玄关鞋柜造型，贴装饰面板后刷油漆，剩余墙面满刮三遍腻子，用纱纸打磨光滑，刷底漆、有色面漆。

主要材料：①仿古砖　②有色乳胶漆　③柚木装饰面板

玄关墙面用水泥砂浆找平，用木工板做出设计图中的鞋柜造型，贴装饰面板，刷油漆，安装百叶门板。银镜基层用木工板打底，用玻璃胶固定。

主要材料：①仿古砖　②白色乳胶漆　③银镜

玄关墙面用水泥砂浆找平，用湿贴的方式将木纹砖固定在墙面上，完工后用勾缝剂填缝。用木工板做出收边线条，贴橡木饰面板后刷油漆。

主要材料：①橡木饰面板　②玻化砖　③木纹砖

木工板做出设计图中的造型，贴水曲柳饰面板，刷白色油漆。

主要材料：①壁纸　②复合实木地板　③白色乳胶漆

玄关端景墙用成品通花板装饰,用 AB 胶将大理石固定在矮台上。待室内硬装完工后,将雕花银镜固定在矮台与吊顶间。

主要材料:①大理石 ②雕花银镜 ③仿古砖

入户墙面用水泥砂浆找平,软包基层用木工板打底,中间墙面满刮三遍腻子,用砂纸打磨光滑,固定实木线条,刷一层基膜后贴壁纸。用气钉及万能胶将定制的软包固定在底板上。

主要材料:①壁纸 ②软包 ③爵士白大理石

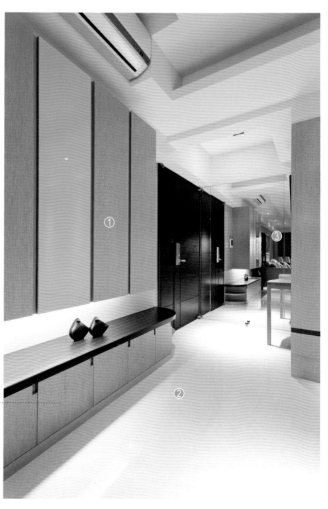

玄关墙面用水泥砂浆找平,用木工板做出储物柜造型,贴装饰面板后刷油漆,部分柜门需订制。剩余墙面满刮三遍腻子,用砂纸打磨光滑,刷底漆、面漆。

主要材料:①白色乳胶漆 ②玻化砖 ③镜面玻璃

玄关墙面用水泥砂浆找平,用木工板做出储物柜造型,贴白像木饰面板后刷油漆,部分柜门需订制。剩余墙面满刮三遍腻子,用砂纸打磨光滑,刷底漆、面漆。

主要材料:①白橡木饰面板 ②玻化砖 ③银镜

玄关墙面用可推拉隔断代替，在吊顶上安装轨道，将定制的隔断固定在地面与吊顶间。

主要材料：①白色乳胶漆 ②有色乳胶漆 ③复合实木地板

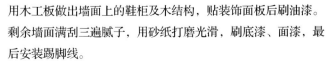

用木工板做出墙面上的鞋柜及木结构，贴装饰面板后刷油漆。剩余墙面满刮三遍腻子，用砂纸打磨光滑，刷底漆、面漆，最后安装踢脚线。

主要材料：①水洗石 ②仿古砖 ③白色乳胶漆

玄关端景墙面用水泥砂浆找平，用湿贴的方式将踢脚线固定在墙面上。整个墙面满刮三遍腻子，用砂纸打磨光滑，刷底漆、面漆，固定装饰挂件。

主要材料：①白色乳胶漆 ②玻化砖 ③玻化砖踢脚线

玄关墙面用水泥砂浆找平，用白水泥将马赛克固定在墙面上，完工后清洁干净表面。用木工板做出储物柜，贴柚木饰面板后刷油漆。

主要材料：①马赛克 ②仿古砖 ③银镜

玄关墙面用水泥砂浆找平，用白水泥将马赛克固定在矮台上。剩余墙面满刮三遍腻子，用砂纸打磨光滑，刷底漆、有色面漆，最后安装成品门板。

主要材料：①仿古砖 ②有色乳胶漆 ③马赛克

玄关墙面用水泥砂浆找平，用木工板打底，贴橡木饰面板，刷油漆。

主要材料：①白色乳胶漆 ②仿古砖 ③实木地板

玄关墙面用水泥砂浆找平，用木工板做出储物柜造型，贴饰面板后刷油漆。部分墙面用木工板打底，贴装饰面板，刷油漆。剩余墙面满刮三遍腻子，刷底漆、有色面漆。

主要材料：①有色乳胶漆 ②仿古砖 ③白色乳胶漆

玄关墙面用水泥砂浆找平，用湿贴的方式固定踢脚线。部分墙面用木工板打底，贴装饰面板后刷油漆。剩余墙面满刮三遍腻子，用砂纸打磨光滑，刷底漆、有色面漆。

主要材料：①仿古砖 ②白色乳胶漆 ③有色乳胶漆

玄关墙面用水泥砂浆找平，用木工板做出储物柜柜体，刷油漆。剩余墙面满刮三遍腻子，用砂纸打磨光滑，刷底漆、面漆，安装成品柜门。

主要材料：①白色乳胶漆 ②玻化砖

用木工板做出楼梯底部的储物柜，贴水曲柳饰面板后擦色处理。剩余墙面满刮三遍腻子，用砂纸打磨光滑，刷底漆、有色面漆，安装实木踢脚线。

主要材料：①仿古砖 ②有色乳胶漆 ③水曲柳饰面板

玄关 过道设计与材料 施工详解

◆ 玄关

墙面砌成凹凸弧形造型，整个墙面满刮三遍腻子，用砂纸打磨光滑，刷底漆、面漆，安装踢脚线。

主要材料：①仿古砖　②白色乳胶漆③马赛克

玄关墙面用水泥砂浆找平，用白水泥将马赛克固定在墙面上，用木工板做出鞋柜及墙面上的层板，贴装饰面板后刷油漆。剩余墙面满刮三遍腻子，刷底漆、面漆。

主要材料：①马赛克　②白色乳胶漆③仿古砖

用木工板做出储物柜造型，贴装饰面板，刷油漆。

主要材料：①仿古砖　②白色乳胶漆③水洗石

用白水泥将马赛克固定在矮台上，墙面用木工板打底，用杉木板饰面，刷清漆。

主要材料：①仿古砖　②马赛克　③杉木板

入户更鞋凳处的墙面用水泥砂浆找平，在墙面上安装钢结构，用 AB 胶将大理石收边线条固定在墙面上。剩余墙面用木工板打底，用玻璃胶将银镜固定在底板上，完工后用硅酮密封胶密封。

主要材料：①大理石　②白色乳胶漆　③银镜

用点挂的方式将大理石收边线条固定在墙面上，剩余墙面做防潮处理后用木工板打底，用粘贴固定的方式将银镜固定在底板上，完工后用硅酮密封胶密封。

主要材料：①大理石　②银镜　③白色乳胶漆

玄关墙面用水泥砂浆找平，用木工板做出储物柜柜体，刷油漆。剩余墙面用硅酸钙板离缝拼贴，墙面满刮三遍腻子，用砂纸打磨光滑，刷底漆、有色面漆，安装成品柜门。

主要材料：①大理石　②有色乳胶漆　③水曲柳饰面板

玄关墙面用木工板做出储物柜，贴水曲柳饰面板后刷油漆。剩余墙面满刮三遍腻子，用砂纸打磨光滑，刷一层基膜，用环保白乳胶配合专业壁纸粉将壁纸固定在墙面上，安装实木踢脚线。

主要材料：①壁纸 ②仿古砖 ③白色乳胶漆

玄关墙面用水泥砂浆找平，用湿贴的方式将仿古砖固定在墙面上，完工后用白色勾缝剂填缝。用木工板做出层板，贴装饰面板后刷油漆。

主要材料：①白色乳胶漆 ②仿古砖 ③装饰面板

玄关墙面用水泥砂浆找平，用硅酸钙板做出墙面上的叠级造型，镜面基层用木工板打底。剩余墙面满刮三遍腻子，用砂纸打磨光滑，刷底漆、面漆。用玻璃胶将银镜固定在底板上。

主要材料：①白色乳胶漆 ②银镜 ③壁纸

入户玄关墙面用水泥砂浆找平，用湿贴的方式将文化石固定在墙面上，用木工板做出鞋柜造型，贴装饰面板后刷油漆。剩余墙面满刮三遍腻子，用砂纸打磨光滑，刷底漆、有色面漆。用螺钉固定铁艺通花。

主要材料：①文化石 ②铁艺通花 ③仿古砖

按照设计图纸，用木工板做出入户墙面上的鞋柜造型，贴装饰面板后刷油漆，固定百叶门板。剩余墙面满刮三遍腻子，用砂纸打磨光滑，刷底漆、有色面漆。

主要材料：①有色乳胶漆 ②仿古砖 ③肌理漆

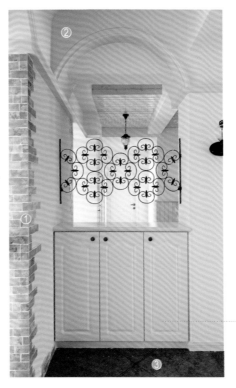

用湿贴的方式将文化石固定在墙面上，完工后用勾缝剂填缝。用木工板做出鞋柜造型，贴装饰面板后刷油漆。剩余墙面满刮三遍腻子，用砂纸打磨光滑，刷底漆、有色面漆。固定实木踢脚线及铁艺挂件。

主要材料：①文化石 ②有色乳胶漆 ③仿古砖

玄关墙面用水泥砂浆找平，用木工板做出鞋柜造型，贴装饰面板后刷油漆。剩余墙面满刮三遍腻子，用砂纸打磨光滑，刷底漆、有色面漆，最后安装实木踢脚线。

主要材料：①有色乳胶漆 ②实木踢脚线 ③复合实木地板

玄关墙面用水泥砂浆找平，用木工板做出储物柜柜体，刷油漆，安装成品柜门。

主要材料：①白色乳胶漆 ②大理石拼花 ③壁纸

玄关墙面用水泥砂浆找平，整个墙面满刮三遍腻子，用砂纸打磨光滑，刷一层基膜，用环保白乳胶配合专业壁纸粉将壁纸固定在墙面上，安装实木踢脚线。

主要材料：①壁纸 ②泰柚木饰面板 ③白色乳胶漆

用湿贴的方式将仿古砖固定在矮墙上，完工后用白色勾缝剂填缝。剩余墙面满刮三遍腻子，用砂纸打磨光滑，刷底漆、有色面漆，最后固定实木踢脚线。

主要材料：①仿古砖 ②壁纸 ③有色乳胶漆

玄关墙面用水泥砂浆找平，用木工板做出储物柜柜体，刷油漆。剩余墙面满刮三遍腻子，用砂纸打磨光滑，刷底漆，固定成品画框线，刷有色面漆，固定实木踢脚线，安装推拉柜门。

主要材料：①仿古砖 ②实木踢脚线 ③有色乳胶漆

玄关墙面用水泥砂浆找平，用木工板做出窗套，贴装饰面板后刷油漆。剩余墙面满刮三遍腻子，用砂纸打磨光滑，刷一层基膜后贴壁纸。

主要材料：①壁纸 ②白色乳胶漆 ③大理石拼花

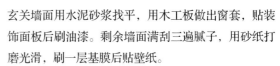

在玄关墙面上安装钢结构，用AB胶将大理石台面固定在支架上。用木工板做出鞋柜造型，贴装饰面板后刷油漆。用气钉将杉木板固定在墙面上，刷油漆。剩余墙面满刮腻子，刷底漆、面漆。

主要材料：①杉木板 ②白色乳胶漆 ③啡网纹大理石

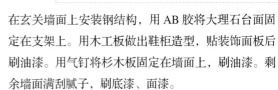

玄关墙面用水泥砂浆找平，用木工板做出储物柜及墙面上的凹凸造型，贴装饰面板后刷油漆。剩余墙面满刮三遍腻子，刷底漆、面漆。用丙烯颜料将图案手绘到墙面上，最后安装实木踢脚线。

主要材料：①泰柚木装饰面板 ②大理石 ③丙烯颜料图案

玄关墙面用水泥砂浆找平，整个墙面防潮处理，用气钉及万能胶将松木板固定在墙面上，刷油漆。用木工板做出窗套，贴装饰面板后刷油漆。最后固定实木装饰挂件。

主要材料：①文化石 ②仿古砖 ③松木板

玄关端景墙用实木通花板装饰，待室内装修完成后，将定制的通花板固定在吊顶上。

主要材料：①通花板 ②玻化砖 ③白根大理石

用木工板做出换鞋凳，刷油漆，固定软包坐垫。剩余墙面满刮三遍腻子，用砂纸打磨光滑，刷底漆、面漆。固定印花玻璃，用密封胶密封。

主要材料：①大理石 ②印花玻璃

用红砖砌成设计图中造型，用水泥砂浆找平，用湿贴的方式将文化石固定在墙面上。用木工板做出台面，贴装饰面板后刷油漆。剩余墙面满刮三遍腻子，用砂纸打磨光滑，刷底漆、有色面漆。

主要材料：①文化石　②仿古砖　③有色乳胶漆

入户处一侧墙面用水洗石饰面，另一侧墙面用水泥砂浆找平，部分墙面用木工板打底，用玻璃胶将茶镜分块固定在底板上。剩余墙面满刮三遍腻子，用砂纸打磨光滑，刷底漆、面漆。

主要材料：①水洗石　②银镜　③仿古砖

玄关墙面用青砖砌成，清洁好表面的水泥砂浆，刷清漆。剩余墙面用水泥砂浆找平，用木工板打底做出设计图中造型，贴装饰面板后刷油漆，固定装饰挂件。

主要材料：①水曲柳饰面板染色　②玻化砖　③青砖

用湿贴的方式固定文化石，剩余墙面满刮三遍腻子，用砂纸打磨光滑，刷底漆、有色面漆，安装成品门板。

主要材料：①有色乳胶漆　②仿古砖　③文化石

玄关墙面用水泥砂浆找平，墙面防潮处理后用木工板打底，用气钉及万能胶将订制的软包固定在底板上，固定成品实木线条，最后安装实木踢脚线。

主要材料：①软包　②有色乳胶漆　③大理石

用木工板做出储物柜造型，贴装饰面板后刷油漆。镜面基层用木工板打底。剩余墙面满刮三遍腻子，用砂纸打磨光滑，刷底漆、有色面漆。用粘贴固定的方式固定黑镜。最后安装踢脚线。

主要材料：①灰镜　②大理石拼花　③有色乳胶漆

玄关墙面用水泥砂浆找平，用木工板做出墙面上的凹凸造型及储物柜造型，贴百橡木饰面板后刷油漆，最后安装定制的柜门及通花板。

主要材料：①白橡木饰面板　②通花板　③玻化砖

玄关墙面用水泥砂浆找平，用木工板做出储物柜造型，贴饰面板后刷油漆，茶镜基层用木工板打底，用玻璃胶将其固定在底板上，完工后用硅酮密封胶密封。

主要材料：①白色乳胶漆　②茶镜　③仿古砖

玄关墙面用水泥砂浆找平，用湿贴的方式将马赛克固定在墙面上，完工后清洁好表面。用硅酸钙板做出灯槽结构，剩余墙面满刮三遍腻子，用砂纸打磨光滑，刷底漆、面漆。

主要材料：①白色乳胶漆　②马赛克　③玻化砖

按设计需求，玄关墙体砌成弧形通透造型，以湿贴的方式将文化石固定在墙面上。剩余墙面满刮三遍腻子，用砂纸打磨光滑，刷底漆、面漆，最后安装门板及铁艺通花。

主要材料：①白色乳胶漆　②文化石　③仿古砖

玄关墙面用水泥砂浆找平，用木工板做出储物柜造型，贴装饰面板后刷油漆。部分墙面满刮三遍腻子，用砂纸打磨光滑，刷一层基膜。用环保白乳胶配合专业壁纸粉将壁纸固定在墙面上。

主要材料：①白色乳胶漆　②壁纸　③爵士白大理石

用木工板做出玄关墙面上的储物柜造型，按照设计需求，贴不同的水曲柳饰面板，刷油漆。剩余墙面做防潮处理后用木工板打底，用玻璃胶固定银镜，完工后用硅酮密封胶密封。

主要材料：①仿古砖　②银镜　③亚克力板

玄关墙面用木工板做出储物柜造型，贴装饰面板后刷油漆。剩余墙面用木工板打底找平，以粘贴固定的方式将茶镜固定在底板上，完工后用密封胶密封。

主要材料：①大理石拼花　②茶镜　③白色乳胶漆

用木工板做出储物柜造型，贴装饰面板后刷油漆。剩余墙面满刮三遍腻子，用砂纸打磨光滑，刷底漆、面漆，安装踢脚线。

主要材料：①壁纸　②白色乳胶漆　③仿古砖

玄关墙面用成品通花板装饰，待室内硬装完工后，用螺钉及万能胶将其固定在地面与吊顶间。

主要材料：①白色乳胶漆 ②复合实木地板 ③通花板

入户处墙面用水泥砂浆找平，整个墙面做防潮处理后用木工板打底，用粘贴固定的方式将茶镜固定在底板上，完工后用硅酮密封胶密封，最后安装不锈钢踢脚线。

主要材料：①茶镜 ②白色乳胶漆 ③白色大理石

玄关墙面用水泥砂浆找平，雕花银镜基层用木工板打底，收边线条贴装饰面板后刷油漆。用粘贴固定的方式将雕花银镜固定在底板上，完工后用密封胶密封。

主要材料：①雕花银镜 ②白色乳胶漆 ③玻化砖

过道墙面用银镜装饰，墙面用水泥砂浆找平，用实木线条做玻璃的收边线条。剩余墙面用木工板打底，用粘贴固定的方式将银镜固定在底板上，用硅酮密封胶密封。

主要材料：①银镜　②白色乳胶漆　③实木地板

用木工板做出过道处的储物柜造型，贴装饰面板后刷油漆，剩余墙面做防潮处理后用木工板打底，用玻璃胶固定银镜。

主要材料：①白色乳胶漆　②仿古砖　③银镜

过道墙面用水泥砂浆找平，用木工板做出收边线条，刷油漆。剩余墙面做防潮处理后用木工板打底，用粘贴固定的方式将银镜固定在底板上，完工后用硅酮密封胶密封。最后安装实木踢脚线。

主要材料：①银镜　②壁纸　③实木踢脚线

过道隔断用格子储物柜装饰，用木工板做出设计图的中格子柜造型，贴装饰面板后刷油漆。固定钢化玻璃，用密封胶密封。

主要材料：①白色乳胶漆　②钢化玻璃　③复合实木地板

过道墙面用水泥砂浆找平，用硅酸钙板做出墙面上的造型。整个墙面满刮三遍腻子，用砂纸打磨光滑，刷底漆、有色面漆。

主要材料：①有色乳胶漆 ②仿古砖 ③白色乳胶漆

客厅过道用成品木花格装饰，待装修完成后，用螺钉将定制的通花板固定在地面与吊顶间。

主要材料：①通花格 ②玻化砖 ③实木楼梯踏步

过道背景墙面用水泥砂浆找平，墙面满刮三遍腻子，用砂纸打磨光滑，刷底漆、面漆，最后安装实木踢脚线。

主要材料：①白色乳胶漆 ②大理石 ③实木踢脚线

用木工板做出柱状造型，贴柚木饰面板后刷油漆。或者可以定做成品，待硬装基本完成后，将柱状造型用螺钉固定在地面与吊顶间。

主要材料：①壁纸 ②白色乳胶漆 ③实木地板

楼梯过道处用木工板做出设计图中造型，满刮三遍腻子，用砂纸打磨光滑，刷底漆、面漆，固定成品百叶帘。

主要材料：①仿古砖 ②白色乳胶漆 ③有色乳胶漆

过道墙面用水泥砂浆找平，用木工板做出储物矮柜造型，贴装饰面板后刷油漆。固定成品通花板。剩余面满刮三遍腻子，用砂纸打磨光滑，刷底漆、面漆。

主要材料：①仿古砖 ②白色乳胶漆 ③通花板

用白水泥将马赛克固定在墙面上，清洁干净表面。剩余墙面用硅酸钙板离拼贴，满刮三遍腻子，用砂纸打磨光滑，刷底漆、面漆。用玻璃胶固定清玻。

主要材料：①清玻 ②玻化砖 ③马赛克

用硅酸钙板做出设计图中弧形储物柜造型，墙面满刮三遍腻子，用砂纸打磨光滑，刷底漆、面漆，用螺钉及胶水将成品通花板固定在地面与吊顶间。

主要材料：①白色乳胶漆 ②复合实木地板 ③通花板

用湿贴的方式将仿古砖固定在过道矮台上，完工后用勾缝剂填缝。墙面用木工板打底，用粘贴固定的方式将银镜固定在剩余底板上，最后以实木线条做造型。

主要材料：①仿古砖　②银镜面　③白色乳胶漆

过道墙面用水泥砂浆找平，用白水泥将马赛克踢脚线固定在墙面上。用木工板做出矮柜及层板造型，贴装饰面板后刷油漆。剩余墙面满刮三遍腻子，用砂纸打磨光滑，刷底漆、有色面漆。

主要材料：①有色乳胶漆　②马赛克　③仿古砖

过道墙面用水泥砂浆找平，用白水泥将马赛克踢脚线固定在墙面上。剩余墙面满刮三遍腻子，用砂纸打磨光滑，刷底漆、有色面漆。

主要材料：①马赛克　②有色乳胶漆　③仿古砖

过道墙面用水泥砂浆找平，按照设计图，用木工板做出储物柜造型，贴橡木饰面板后刷油漆。

主要材料：①玻化砖　②白色乳胶漆　③橡木饰面板

用湿贴的方式将仿古砖固定在墙面上。剩余墙面满刮三遍腻子，用砂纸打磨光滑，刷底漆、面漆，用螺钉将成品通花板固定在墙面上。

主要材料：①仿古砖 ②通花板 ③玻化砖

楼梯过道处用壁纸装饰，整个墙面满刮三遍腻子，用砂纸打磨光滑，刷一层基膜，用环保白乳胶配合专业壁纸粉将壁纸固定在墙面上。剩余墙面刷底漆、面漆。

主要材料：①壁纸 ②白色乳胶漆 ③实木地板

过道墙面用水泥砂浆找平，整个墙面满刮三遍腻子，用砂纸打磨光滑，刷底漆、面漆。最后安装踢脚线，固定成品通花板。

主要材料：①通花板 ②玻化砖 ③实木踢脚线

过道墙面用水泥砂浆找平，整个墙面满刮三遍腻子，用砂纸打磨光滑，刷底漆、面漆。用螺钉及胶水固定成品通花板。

主要材料：①复合实木地板 ②通花板 ③不锈钢

过道墙面用水泥砂浆找平，用湿贴的方式将仿古砖固定在墙面上，完工后用勾缝剂填缝。最后将定制的通花板固定在墙面上。

主要材料：①仿古砖 ②玻化砖 ③通花板

用成品通花板隔开客厅与餐厅。待室内装修基本完成，用螺钉及胶水将定制的通花隔断固定在地面与吊顶间。

主要材料：①通花板 ②大理石 ③玻化砖

过道处一侧储物柜柜门用成品镜面柜门装饰，另一侧用螺钉固定成品通花板。

主要材料：①银镜 ②白色乳胶漆 ③玻化砖

过道墙面用水泥砂浆找平，用湿贴的方式将玻化砖踢脚线固定在墙面上。剩余墙面满刮三遍腻子，用砂纸打磨光滑，刷底漆、面漆。用丙烯颜料将图案手绘到墙面上。

主要材料：①白色乳胶漆 ②玻化砖 ③丙烯颜料图案

过道墙面用水泥砂浆找平。整个墙面满刮三遍腻子，用砂纸打磨光滑，刷底漆、有色面漆，最后安装实木踢脚线。

主要材料：①有色乳胶漆　②玻化砖　③钢化玻璃

过道墙面用水泥砂浆找平，用木工板做出储物格子柜造型，贴红橡木饰面板后刷油漆。剩余墙面满刮腻子，用砂纸打磨光滑，刷底漆、面漆。

主要材料：①白色乳胶漆　②实木地板　③红橡木饰面板

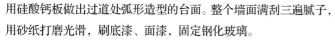

用硅酸钙板做出过道处弧形造型的台面。整个墙面满刮三遍腻子，用砂纸打磨光滑，刷底漆、面漆，固定钢化玻璃。

主要材料：①白色乳胶漆　②钢化玻璃　③玻化砖

过道墙面用格子柜装饰，用木工板做出设计图中格子柜造型，贴白橡木饰面板后刷油漆。

主要材料：①白色乳胶漆　②大理石　③壁纸

过道墙面用砖砌成，做好其表面的卫生，按设计需求用白色勾缝剂填缝，最后整个墙面刷清漆，固定成品通花格栅。

主要材料：①仿古砖　②通花格栅　③马赛克

过道墙面用水泥砂浆找平，用木工板做出灯槽结构，固定成品线条，贴装饰面板后刷油漆。剩余墙面满刮三遍腻子，用砂纸打磨光滑，刷一层基膜后贴壁纸。安装踢脚线。

主要材料：①壁纸　②白色乳胶漆　③玻化砖

用木工板做出过道墙面上的储物矮柜造型，贴装饰面板后刷油漆。剩余墙面满刮三遍腻子，用砂纸打磨光滑，刷底漆、面漆。安装实木踢脚线。

主要材料：①白色乳胶漆　②实木踢脚线　③复合实木地板

用湿贴的方式将仿古砖固定在过道墙面上，完工后用勾缝剂填缝。剩余墙面满刮三遍腻子，用砂纸打磨光滑，刷底漆、有色面漆。最后安装实木踢脚线。

主要材料：①仿古砖　②有色乳胶漆　③实木踢脚线

过道墙面用水泥砂浆找平，用湿贴的方式将文化石固定在墙面上。剩余墙面满刮三遍腻子，用砂纸打磨光滑，刷底漆、面漆。用丙烯颜料将设计图中的图案手绘到墙面上。

主要材料：①仿古砖 ②文化石 ③丙烯颜料图案

用木工板做出过道处设计图中造型，离缝贴木饰面板后刷油漆。

主要材料：①复合实木地板 ②白色乳胶漆 ③木饰面板

过道处用成品木花格装饰，待室内硬装基本完工后，用螺钉及胶水将其固定在地面与吊顶间。

主要材料：玻化砖、白色乳胶漆、木花格

用白水泥将马赛克固定在过道处矮台上。待室内装修基本完成后，用螺钉将木花格板固定在地面与吊顶间。

主要材料：①马赛克 ②银镜 ③木花格

过道背景墙面用水泥砂浆找平，整个墙面满刮三遍腻子，用砂纸打磨光滑，刷一层基膜，用环保白乳胶配合专业壁纸粉将壁纸固定在墙面上。最后安装踢脚线。

主要材料：①壁纸 ②实木地板 ③白色乳胶漆

用杉木板做出过道墙面凹凸造型的收边线条，刷油漆。剩余墙面满刮三遍腻子，用砂纸打磨光滑，刷底漆、有色面漆。最后安装踢脚线。

主要材料：①有色乳胶漆 ②复合实木地板 ③实木踢脚线

过道墙面用水泥砂浆找平，用点挂的方式将大理石固定在矮台上，完工后用密封胶密封。用湿贴的方式固定文化石。剩余墙面满刮三遍腻子，用砂纸打磨光滑，刷底漆、有色面漆，部分墙面用液态壁纸饰面。

主要材料：①仿古砖 ②大理石 ③文化石

按照设计图纸，用木工板做出过道处格子储物柜造型，贴装饰面板后刷油漆。

主要材料：①玻化砖 ②壁纸 ③玫瑰木饰面板

过道背景墙面用水泥砂浆找平，整个墙面满刮三遍腻子，用砂纸打磨光滑，刷底漆、有色面漆，固定成品实木线条，最后安装踢脚线。

主要材料：①黑镜 ②白色乳胶漆 ③实木地板

客厅与餐厅用两扇实木通花板隔开，待室内基本装修完成后，用螺钉及胶水将其固定在地面与吊顶间。

主要材料：①仿古砖 ②白色乳胶漆 ③通花板

按设计图纸用木工板在过道墙面上做出储物柜造型，贴装饰面板后刷油漆。黑镜基层用木工板打底，用玻璃胶固定黑镜，完工后用密封胶密封。

主要材料：①黑镜 ②大理石 ③白色乳胶漆

过道墙面用水泥砂浆找平，满刮三遍腻子，用砂纸打磨光滑，刷一层基膜，用环保白乳胶配合专业壁纸粉将壁纸固定在墙面上，最后安装踢脚线。

主要材料：①壁纸 ②大理石 ③白色乳胶漆

用点挂的方式将米黄大理石及收边线条固定在墙面上，完工后用石材勾缝剂填缝。剩余墙面满刮三遍腻子，用砂纸打磨光滑，刷一层基膜后贴壁纸。最后用螺钉固定成品木花格。

主要材料：①米黄大理石 ②壁纸 ③白色乳胶漆

整个墙面用水泥砂浆找平，防潮处理。用木工板及硅酸钙板做出设计图造型，部分墙面满刮三遍腻子，用砂纸打磨光滑，刷底漆、面漆，用玻璃胶固定银镜。

主要材料：①玻化砖 ②白色乳胶漆 ③银镜

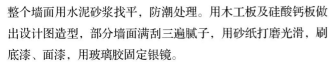

过道墙面砌成弧形造型，用木工板做出层板造型，贴装饰面板后刷油漆。剩余墙面满刮三遍腻子，用砂纸打磨光滑，刷底漆、有色面漆。

主要材料：①复合实木地板 ②白色乳胶漆 ③实木踢脚线

按照设计图纸，过道墙面用红砖砌成设计图中造型。用木工板做出层板及储物柜造型，贴装饰面板后刷油漆。剩余墙面满刮三遍腻子，用砂纸打磨光滑，刷底漆、面漆，安装踢脚线。

主要材料：①红砖 ②白色乳胶漆 ③有色乳胶漆

过道墙面用水泥砂浆找平，在墙面上安装钢结构，用点挂的方式将爵士白大理石及收边线条固定在支架上。最后固定铁艺通花板。

主要材料：①爵士白大理石 ②壁纸 ③白色乳胶漆

用 AB 胶将爵士白大理石固定在钢结构上。剩余墙面满刮三遍腻子，用砂纸打磨光滑，刷底漆、有色面漆，安装踢脚线，最后固定通花板。

主要材料：①爵士白大理石 ②有色乳胶漆 ③通花板

卧室内过道墙面用木花格装饰，待硬装基本完成后用螺钉将木花格固定在地面与吊顶间。

主要材料：①壁纸 ②白色乳胶漆 ③木花格

过道墙面用水泥砂浆找平，用点挂的方式将爵士白大理石固定在墙面上。用木工板做出收边线条，贴装饰面板后刷油漆。剩余墙面满刮三遍腻子，用砂纸打磨光滑，刷底漆、面漆，部分墙面刷一层基膜后贴壁纸。最后固定通花板。

主要材料：①壁纸 ②爵士白大理石 ③白色乳胶漆

在过道处墙面与地面上安装钢结构，用 AB 胶将白色大理石固定在支架上。待室内硬装基本完成后，用螺钉将通花板固定在地面与吊顶间。

主要材料：①仿古砖 ②白色大理石 ③通花板

过道墙面用水泥砂浆找平，用湿贴的方式将文化石固定在墙面上。剩余墙面满刮三遍腻子，用砂纸打磨光滑，刷底漆、有色面漆。

主要材料：①文化石 ②有色乳胶漆 ③仿古砖

用木工板做出过道墙面上的造型，用硅酸钙板在墙面上离缝拼贴。台面及收边线条贴水曲柳饰面板后刷油漆。剩余墙面满刮三遍腻子，用砂纸打磨光滑，刷底漆。有色面漆。最后安装踢脚线。
主要材料：①玻化砖 ②白色乳胶漆 ③水曲柳饰面板

过道墙面用水泥砂浆找平，整个墙面满刮三遍腻子，用砂纸打磨光滑，刷底漆、有色面漆，最后安装踢脚线。
主要材料：①玻化砖 ②壁纸 ③有色乳胶漆

过道墙面用仿古砖饰面，按照设计需求将其加工成不同的尺寸，用湿贴的方式凹凸错落固定在墙面上，完工后用勾缝剂填缝。
主要材料：①仿古砖 ②白色乳胶漆 ③大理石

按照设计图纸，用木工板做出框架，贴装饰面板后刷油漆。安装固定玻璃，完工后用硅酮密封胶密封，最后固定垂帘。
主要材料：①马赛克 ②白色乳胶漆 ③钢化玻璃

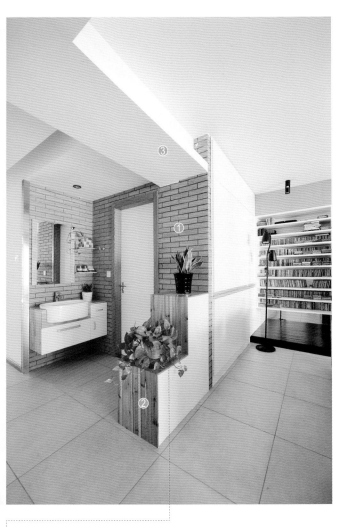

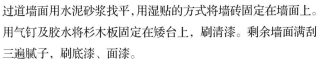

过道墙面用水泥砂浆找平，用湿贴的方式将墙砖固定在墙面上。用气钉及胶水将杉木板固定在矮台上，刷清漆。剩余墙面满刮三遍腻子，刷底漆、面漆。

主要材料：①墙砖 ②杉木板 ③白色乳胶漆

楼梯过道墙面用水泥砂浆找平，整个墙面满刮三遍腻子，刷一层基膜，用环保白乳胶配合专业壁纸粉将壁纸固定在墙面上。

主要材料：①壁纸 ②仿古砖 ③白色乳胶漆

过道处用通花板装饰。待室内装修基本完成后，用螺钉将定制的通花板固定在地面与吊顶间。

主要材料：① 壁纸 ②爵士白大理石 ③玻化砖

用木工板做出推拉门收边线条，贴柚木饰面板后刷油漆，安装成品木花格玻璃推拉门。

主要材料：①木花格 ②白色乳胶漆 ③玻化砖

部分墙面用木工板打底，贴装饰面板后刷油漆。剩余墙面满刮三遍腻子，用砂纸打磨光滑，刷底漆、有色面漆。最后固定成品通花板。

主要材料：①有色乳胶漆 ②仿古砖 ③实木通花板

在过道矮台上安装支架，用 AB 胶将定制的米黄大理石固定在钢结构上，完工后用耐候性密封胶密封。最后用螺钉将定制的通花板固定在地面与吊顶间。

主要材料：①米黄大理石 ②通花板 ③白色乳胶漆

用点挂的方式将爵士白大理石固定在过道柱子面上，完工后用耐候性密封胶密封。最后用螺钉将成品木花板固定在地面与吊顶间。

主要材料：①爵士白大理石 ②复合实木地板 ③木花格

过道处用成品隔断装饰。待室内硬装修完成后，将其固定在地面与吊顶间。

主要材料：①绿可板 ②仿古砖 ③白色乳胶漆

过道背景墙面用水泥砂浆找平，整个墙面满刮三遍腻子，用砂纸打磨光滑，刷底漆、有色面漆，最后安装踢脚线。

主要材料：①实木地板 ②有色乳胶漆 ③白色乳胶漆

过道墙面用三扇可旋转屏风装饰，待室内硬装基本完成后，将其固定在地面与吊顶间。

主要材料：①白色乳胶漆 ②实木屏风 ③玻化砖

玄关 过道设计与材料 施工详解

◆过道

过道墙面用水泥砂浆找平，用木工板做出顶部轨道凹槽，安装轨道。墙面满刮三遍腻子，用砂纸打磨光滑，刷底漆、有色面漆。最后固定成品通花推拉门。

主要材料：①白色乳胶漆 ②仿古砖 ③复合实木地板

用湿贴的方式将仿古砖固定在矮台上，完工后用勾缝剂填缝。用螺丝及胶水将定制的通花板固定在矮台与吊顶间。

主要材料：①白色乳胶漆 ②仿古砖 ③通花板

过道墙面砌成设计图中造型，整个墙面满刮三遍腻子，用砂纸打磨光滑，刷底漆、面漆。

主要材料：①白色乳胶漆 ②仿古砖 ③实木门套

过道处部分墙面用肌理漆饰面，剩余部分用木工板做出凹弧形，贴柚木集成板饰面板，刷油漆。

主要材料：①肌理漆 ②仿古砖 ③柚木集成饰面板

过道墙面用水泥砂浆找平，整个墙面满刮三遍腻子，用砂纸打磨光滑，用快干粉固定石膏线条，刷底漆、面漆。

主要材料：①白色乳胶漆 ②木饰面板 ③爵士白大理石

过道墙面用水泥砂浆找平，用木工板做出储物格子柜造型，贴装饰面板后刷油漆。剩余墙面用硅酸钙板打底找平。墙面满刮三遍腻子，用砂纸打磨光滑，刷一层基膜后贴壁纸。安装实木踢脚线。

主要材料：①复合实木地板 ②实木踢脚线 ③壁纸

过道处用成品通花板装饰，待室内硬装基本完成后，用螺钉将其固定在设计图中位置。

主要材料：①仿古砖 ②有色乳胶漆 ③通花板

过道墙面用水泥砂浆找平，用木工板做出收边线条，贴装饰面板后刷油漆。剩余墙面满刮三遍腻子，用砂纸打磨光滑，刷底漆、面漆。最后用螺钉及胶水固定定制的通花板。

主要材料：①白色乳胶漆 ②复合实木地板 ③壁纸

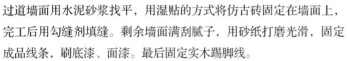

过道墙面用水泥砂浆找平，用湿贴的方式将仿古砖固定在墙面上，完工后用勾缝剂填缝。剩余墙面满刮腻子，用砂纸打磨光滑，固定成品线条，刷底漆、面漆。最后固定实木踢脚线。

主要材料：①仿古砖 ②白色乳胶漆 ③壁纸

用木工板做出过道中通透花格板造型，贴装饰面板后刷油漆。或者可以按照设计图纸订做，用螺丝固定成品即可。

主要材料：①白色乳胶漆 ②复合实木地板 ③花格板

过道墙面用成品的通花板装饰。待硬装基本完成后，用螺丝将定制的通花板固定在地面与吊顶间。

主要材料：①仿古砖 ②白色乳胶漆 ③通花板

过道墙面用木纹砖与镜面装饰，墙面用水泥砂浆找平，用湿贴的方式将砖固定在墙面上。剩余墙面用木工板打底，用粘贴的方式将银镜固定在底板上，安装收边线条。最后固定装饰挂画。

主要材料：①木纹砖 ②银镜 ③白色乳胶漆

过道部分墙面用木工板打底，贴樱桃木饰面板后刷油漆。剩余墙面满刮三遍腻子，用砂纸打磨光滑，刷底漆、面漆。最后固定成品通花板。

主要材料：①马赛克 ②白色乳胶漆 ③大理石

过道处用可旋转的通花板隔开餐厅与客厅。待室内硬装基本完成后，将定制的通花屏风固定在地面与吊顶间。

主要材料：①白色乳胶漆 ②玻化砖 ③通花屏风

过道墙面满刮三遍腻子，用砂纸打磨光滑，安装实木门套线条，墙面刷一层基膜，用环保白乳胶配合专业壁纸粉将壁纸固定在墙面上，最后安装踢脚线。

主要材料：①白色乳胶漆 ②壁纸 ③实木地板

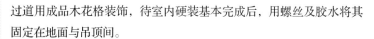

过道用成品木花格装饰，待室内硬装基本完成后，用螺丝及胶水将其固定在地面与吊顶间。

主要材料：①仿古砖 ②大理石 ③钢化玻璃

用木工板做出楼梯过道墙面上的储物壁柜造型，贴装饰面板后刷油漆。剩余墙面满刮三遍腻子，用砂纸打磨光滑，刷底漆、有色面漆。最后安装实木踢脚线。

主要材料：①仿古砖 ②实木踢脚线 ③有色乳胶漆

过道墙面用印花玻璃装饰，待装修完成后，固定定制的玻璃，完工后用密封胶密封。

主要材料：①复合实木地板 ②印花玻璃 ③白色乳胶漆

过道部分墙面用红砖砌成，清洁干净表面的水泥砂浆后刷白色水泥漆。剩余墙面满刮三遍腻子，用砂纸打磨光滑，刷底漆、面漆。

主要材料：①红砖 ②白色乳胶漆 ③复合实木地板

过道处用木工板及硅酸钙板做出柱状造型，整个墙面满刮三遍腻子，用砂纸打磨光滑，刷底漆、面漆。
主要材料：①壁纸 ②白色乳胶漆 ③玻化砖

过道墙面用水泥砂浆找平，整个墙面满刮三遍腻子，用砂纸打磨光滑，刷底漆，安装成品窗套及层板，刷有色面漆。最后安装实木踢脚线。
主要材料：①有色乳胶漆 ②实木踢脚线 ③实木地板

过道处用钢结构做支架，用 AB 胶将大理石固定在支架上。待吊顶油漆完工后，用螺钉及胶水将成品木花格固定在台面与吊顶间。
主要材料：①仿古砖 ②大理石 ③钢花格

用硅酸钙板做出设计图中造型，满刮三遍腻子，用砂纸打磨光滑，刷底漆，固定钢化玻璃，刷面漆。
主要材料：①白色乳胶漆 ②复合实木地板 ③钢化玻璃

用木工板做出过道墙面上的储物柜及层板造型，贴装饰面板后刷油漆。剩余墙面满刮三遍腻子，用砂纸打磨光滑，刷底漆、面漆。最后安装踢脚线。

主要材料：①白色乳胶漆 ②铁艺 ③仿古砖

过道墙面用水泥砂浆找平，茶镜基层用木工板打底。剩余墙面满刮三遍腻子，用砂纸打磨光滑，刷一层基膜后贴壁纸。用玻璃胶将茶镜固定在底板上，最后固定定制的通花板。

主要材料：①壁纸 ②大理石 ③茶镜

楼梯过道用钢化玻璃装饰，施工时地面预埋"U"形槽。待室内硬装完工后，安装固定钢化玻璃，完工后用密封胶密封。

主要材料：①钢化玻璃 ②白色乳胶漆 ③玻化砖

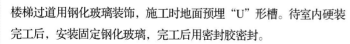

过道墙面用水泥砂浆找平，整个墙面满刮三遍腻子，用砂纸打磨光滑。固定成品石膏线条，刷底漆和白色、有色面漆。最后安装踢脚线。

主要材料：①白色乳胶漆 ②实木地板 ③有色乳胶漆

用白水泥将马赛克固定在墙面上，用木工板做出储物柜及收边线条造型，贴装饰面板后刷油漆。剩余墙面满刮三遍腻子，用砂纸打磨光滑，刷底漆、有色面漆。安装成品柜门及推拉门。

主要材料：①马赛克 ②有色乳胶漆 ③白色乳胶漆

过道背景墙面用水泥砂浆找平，整个墙面满刮三遍腻子，用砂纸打磨光滑，刷底漆、面漆，固定不锈钢收边线条，用丙烯颜料将图案手绘到墙面上。最后安装踢脚线。

主要材料：①丙烯颜料图案 ②实木地板 ③壁纸

过道处墙面用木工板做出隐形推拉门结构，贴橡木集成板，刷油漆。剩余墙面满刮三遍腻子，用砂纸打磨光滑，刷底漆、面漆。

主要材料：①白色乳胶漆 ②仿古砖 ③橡木集成板

用白水泥将马赛克固定在墙面上，完工后清洁干净表面。剩余墙面满刮三遍腻子，用砂纸打磨光滑，刷底漆、有色面漆。安装实木踢脚线。

主要材料：①马赛克 ②有色乳胶漆 ③仿古砖

玄关 过道设计与材料 施工详解

◆过道

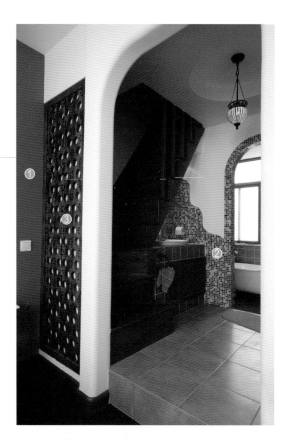

过道背景墙面用水泥砂浆找平，整个墙面满刮三遍腻子，用砂纸打磨光滑，刷底漆，将成品实木通花板固定在墙面上，刷面漆，安装踢脚线。部分墙面用有色乳胶漆饰面。

主要材料：①有色乳胶漆　②马赛克　③通花板

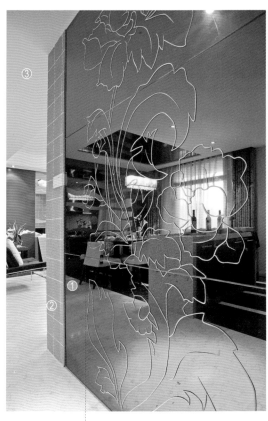

过道墙面用水泥砂浆找平，用湿贴的方式将仿古砖固定在墙面上，完工后用白色勾缝剂填缝。剩余墙面用木工板打底，用粘贴固定的方式将印花灰镜固定在底板上，完工后用硅酮密封胶密封。

主要材料：①灰镜　②仿古砖　③白色乳胶漆

过道墙面用水泥砂浆找平，用湿贴的方式将仿古砖固定在墙面上，完工后用勾缝剂填缝。用白水泥将马赛克固定在墙面上，用木工板做出收边线条及层板，贴装饰面板后刷油漆。

主要材料：①马赛克　②仿古砖　③白色乳胶漆

过道墙面用水泥砂浆找平，墙面满刮三遍腻子，用砂纸打磨光滑，刷一层基膜，用环保白乳胶配合专业壁纸粉将壁纸固定在墙面上，最后安装实木踢脚线。

主要材料：①壁纸　②仿古砖

过道墙面用水泥砂浆找平，整个墙面防潮处理，用木工板打底，部分墙面贴复合实木地板后刷油漆。用粘贴固定的方式将黑镜固定在剩余底板上。

主要材料：①白色乳胶漆　②复合实木地板　③黑镜

过道墙面用水泥砂浆找平，整个墙面满刮三遍腻子，用砂纸打磨光滑，安装成品窗套及通花板。墙面刷一层基膜，用环保白乳胶配合专业壁纸粉将壁纸固定在墙面上，安装踢脚线。

主要材料：①壁纸　②仿古砖　③通花板

过道墙面用水泥砂浆找平，整个墙面满刮三遍腻子，用砂纸打磨光滑，刷底漆，安装成品门套，刷面漆，最后安装实木踢脚线。

主要材料：①白色乳胶漆　②实木踢脚线　③实木地板

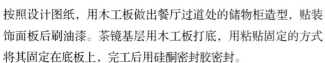

按照设计图纸，用木工板做出餐厅过道处的储物柜造型，贴装饰面板后刷油漆。茶镜基层用木工板打底，用粘贴固定的方式将其固定在底板上，完工后用硅酮密封胶密封。

主要材料：①茶镜 ②玻化砖 ③实木地板

过道处用成品通花板装饰，硬装基本完成后，用螺丝将定制的通花板固定在地面与吊顶间。

主要材料：①玻化砖 ②仿古砖 ③通花板

用木工板及硅酸钙板做出过道墙面上的吊柜及矮墙造型，吊柜贴装饰面板后刷油漆，矮墙满刮三遍腻子，用砂纸打磨光滑，刷底漆、面漆，安装踢脚线。

主要材料：①壁纸 ②白色乳胶漆 ③复合实木地板

过道墙面用水泥砂浆找平，用木工板做出设计图中造型，贴装饰面板后刷油漆。剩余墙面满刮三遍腻子，用砂纸打磨光滑，刷底漆、面漆。最后安装踢脚线。

主要材料：①白色乳胶漆　②实木地板　③实木踢脚线

过道墙面用水泥砂浆找平，部分墙面用文化石饰面后刷白色水泥漆。剩余墙面满刮三遍腻子，用砂纸打磨光滑，刷底漆、有色面漆，安装实木线条。最后安装踢脚线。

主要材料：①文化石　②有色乳胶漆　③实木踢脚线

过道墙面用水泥砂浆找平，整个墙面满刮三遍腻子，用砂纸打磨光滑，刷底漆、有色面漆，最后安装实木踢脚线。

主要材料：①壁纸　②有色乳胶漆　③玻化砖

卧室过道用成品通花板装饰，待硬装基本完成后，用螺丝将成品通花板固定在地面与吊顶间。

主要材料：①通花板　②白色乳胶漆　③有色乳胶漆

过道墙面用成品的花格板装饰，待硬装基本完成后，用螺丝将定制的木花格固定在地面与吊顶间。

主要材料：①白色乳胶漆 ②复合实木地板 ③木花格

过道墙面用水泥砂浆找平，整个墙面满刮三遍腻子，用砂纸打磨光滑，刷一层基膜，用环保白乳胶配合专业壁纸粉将壁纸固定在墙面上。

主要材料：①茶镜 ②玻化砖 ③壁纸

用木工板做出通花板的收边线条，刷油漆。剩余墙面满刮三遍腻子，用砂纸打磨光滑，刷底漆、面漆，安装踢脚线。用胶水及气钉固定成品通花板。

主要材料：①白色乳胶漆 ②仿古砖 ③通花板

过道墙面满刮三遍腻子，用砂纸打磨光滑，刷底漆、面漆，安装踢脚线。固定成品印花玻璃，用密封胶密封。

主要材料：①印花玻璃 ②白色乳胶漆 ③玻化砖

过道墙面用水泥砂浆找平，整个墙面满刮三遍腻子，用砂纸打磨光滑，刷底漆，固定成品实木线条，刷一层基膜后贴壁纸。

主要材料：①实木线条 ②壁纸 ③人造大理石

过道墙面用水泥砂浆找平。用木工板做出储物柜造型，贴装饰面板后刷油漆。灰镜基层用木工板打底，用粘贴固定的方式将灰镜固定在底板上，完工后用密封胶密封。

主要材料：①灰镜 ②壁纸 ③复合实木地板

过道墙面用水泥砂浆找平，整个墙面满刮三遍腻子，用砂纸打磨光滑，刷底漆、有色面漆，安装实木线条。

主要材料：①白色乳胶漆 ②实木线条混油 ③大理石拼花

过道墙面用水泥砂浆找平，整个墙面满刮三遍腻子，用砂纸打磨光滑，刷一层基膜，用环保白乳胶配合专业壁纸粉将壁纸固定在墙面上，安装实木踢脚线。

主要材料：①壁纸 ②木纹砖 ③实木踢脚线

过道墙面用水泥砂浆找平，用湿贴的方式将仿古砖固定在墙面上，完工后用勾缝剂填缝。剩余墙面用木工板打底，贴装饰面板后刷油漆。

主要材料：①仿古砖 ②白色乳胶漆 ③白色大理石

成品通花板隔开了客厅与餐厅，待室内硬装基本完工后，用螺钉及万能胶将成品通花板固定在地面与吊顶间。

主要材料：①壁纸 ②复合实木地板 ③通花板

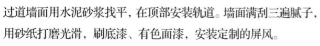

过道墙面用水泥砂浆找平，在顶部安装轨道。墙面满刮三遍腻子，用砂纸打磨光滑，刷底漆、有色面漆，安装定制的屏风。

主要材料：①仿古砖 ②有色乳胶漆 ③壁纸

过道墙面用水泥砂浆找平，整个墙面满刮三遍腻子，用砂纸打磨光滑，刷一层基膜。用环保白乳胶配合专业壁纸粉将壁纸固定在墙面上，最后安装踢脚线，固定成品通花板。

主要材料：①壁纸 ②白色乳胶漆 ③通花板

墙面用水泥砂浆找平，用木工板做出门套，贴装饰面板后刷油漆，剩余墙面用肌理漆饰面。最后固定实木旋转门。

主要材料：①复合实木地板　②肌理漆　③实木门

用湿贴的方式将仿古砖固定在墙面上，完工后用白色勾缝剂填缝。清洁好青砖的表面，刷清漆。用螺钉及胶水固定通花板。

主要材料：①仿古砖　②青砖　③白色乳胶漆

楼梯过道墙面用肌理漆饰面，墙壁砌成设计图中造型，整个墙面满刮三遍腻子，用砂纸打磨光滑，刷底漆、肌理漆。

主要材料：①肌理漆　②实木楼梯踏步　③马赛克

过道墙面用水泥砂浆找平，整个墙面满刮三遍腻子，用砂纸打磨光滑，刷底漆、面漆。部分墙面刷一层基膜后贴壁纸，固定不锈钢条及踢脚线。

主要材料：①壁纸　②不锈钢条　③玻化砖

过道墙面用水泥砂浆找平，用木工板做出储物柜造型，刷油漆，在顶部安装轨道，安装成品印花镜推拉门。

主要材料：①壁纸　②玻化砖　③印花镜

用木工板做出过道墙面上的层架造型，贴装饰面板后刷油漆。剩余墙面满刮三遍腻子，用砂纸打磨光滑，刷底漆、有色面漆，安装踢脚线。用螺钉及胶水固定成品通花板。

主要材料：①有色乳胶漆　②玻化砖　③通花板

过道墙面用水泥砂浆找平，用木工板做底，上面铺贴栓木饰面板，最后固定层板。

主要材料：①栓木饰面板 ②白色乳胶漆

用白水泥将马赛克铺贴成踢脚线。剩余墙面满刮三遍腻子，用砂纸打磨光滑，刷底漆、面漆。

主要材料：①马赛克 ②白色乳胶漆 ③仿古砖

过道墙面用水泥砂浆找平，整个墙面满刮三遍腻子，用砂纸打磨光滑，刷底漆、面漆，安装踢脚线。固定钢化玻璃及成品通花板，最后用密封胶密封。

主要材料：①仿古砖 ②通花板 ③钢化玻璃

过道墙面的风景画令居室增添情趣，整个墙面用水泥砂浆找平，用白水泥将马赛克铺贴成踢脚线。剩余墙面满刮三遍腻子，用砂纸打磨光滑，刷底漆、面漆。用丙烯颜料将图案手绘到墙面上。

主要材料：①仿古砖 ②马赛克 ③丙烯颜料图案

楼梯过道用通花板装饰，在硬装基本完成后，用螺丝及胶水将定制的通花板固定在楼梯踏步上。

主要材料：①壁纸 ②通花板 ③玻化砖

用白水泥将马赛克固定在墙面上，清洁干净表面的卫生。用木工板做出墙面上的层板及门板造型，贴装饰面板后刷油漆。剩余墙面满刮三遍腻子，用砂纸打磨光滑，刷底漆、面漆。

主要材料：①马赛克 ②白色乳胶漆 ③仿古砖

过道背景墙面用水泥砂浆找平，整个墙面满刮三遍腻子，用砂纸打磨光滑，刷底漆、有色面漆。最后安装实木踢脚线。

主要材料：①有色乳胶漆 ②仿古砖 ③实木踢脚线

过道墙面用水泥砂浆找平，将石材固定在矮台上，整个墙面满刮三遍腻子，用砂纸打磨光滑，刷底漆，安装通花板，刷面漆。安装实木踢脚线。

主要材料：①爵士白大理石 ②玻化砖 ③通花板

过道墙面用水泥砂浆找平,用木工板做出储物柜造型,贴装饰面板后刷油漆。银镜基层用木工板打底,用玻璃胶将银镜固定在底板上。

主要材料:①银镜 ②白色乳胶漆 ③玻化砖

用木工板在过道墙面上做出储物柜造型,贴橡木饰面板后刷油漆,剩余墙面满刮三遍腻子,用砂纸打磨光滑,刷底漆、面漆,最后安装踢脚线。

主要材料:①白色乳胶漆 ②橡木饰面板

过道休闲区墙面用水泥砂浆找平,整个墙面满刮三遍腻子,用砂纸打磨光滑,刷一层基膜。用环保白乳胶配合专业壁纸粉将壁纸固定在墙面上,最后安装踢脚线。

主要材料:①壁纸 ②印花玻璃 ③仿古砖

过道墙面用壁纸装饰，整个墙面满刮三遍腻子，用砂纸打磨光滑，刷一层基膜，用环保白乳胶配合专业壁纸粉将壁纸固定在墙面上，最后安装实木踢脚线。

主要材料：①玻化砖 ②壁纸 ③实木踢脚线

用湿贴的方式将仿古砖固定在过道处矮台上，完工后用勾缝剂填缝。剩余墙面满刮三遍腻子，用砂纸打磨光滑，刷底漆、面漆。

主要材料：①白色乳胶漆 ②钢化玻璃 ③仿古砖

过道背景墙面用木工板做出层板造型，贴装饰面板后刷油漆。剩余墙面用肌理漆饰面。顶部用木工板做出推拉门的轨道，安装成品推拉门。

主要材料：①肌理漆 ②复合实木地板 ③白色乳胶漆

楼梯过道处墙面用水泥砂浆找平，用木工板做出储物柜造型，贴装饰面板后刷油漆，用玻璃胶将银镜固定在底板上。

主要材料：①仿古砖 ②白色乳胶漆

用 AB 胶将大理石固定在过道矮台上，用木工板做出墙面上的收边线条，贴装饰面板后刷油漆。剩余墙面满刮三遍腻子，用砂纸打磨光滑，刷一层基膜，用环保白乳胶配合专业壁纸粉将壁纸固定在墙面上。

主要材料：①壁纸 ②白色乳胶漆 ③大理石

过道墙面用水泥砂浆找平，整个墙面做防潮处理，用气钉及胶水将杉木板固定在墙面上，打磨干净，刷清漆。剩余墙面满刮腻子，用砂纸打磨光滑，刷底漆、面漆。

主要材料：①白色乳胶漆 ②玻化砖 ③杉木板

过道一侧墙面用竹竿装饰，给空间带来情趣。将竹竿固定在地面矮台与吊顶间，刷白色水泥漆。剩余墙面满刮腻子，用砂纸打磨光滑，刷底漆、面漆。部分墙面用肌理漆饰面。

主要材料：①白色乳胶漆 ②壁纸 ③仿古砖

用湿贴的方式将仿古砖固定在墙面上。镜面玻璃饰面的墙面用木工板打底，用玻璃胶将其固定在底板上，完工后用硅酮密封胶密封。最后固定通花板。

主要材料：①仿古砖 ②镜面玻璃 ③白色乳胶漆

过道墙面用水泥砂浆找平，银镜基层用木工板打底；剩余墙面满刮三遍腻子，用砂纸打磨光滑，刷底漆、有色面漆。用玻璃胶将银镜固定在底板上，最后固定实木踢脚线与成品木花格。

主要材料：①木花格 ②银镜 ③玻化砖

过道墙面用红砖砌成弧形造型，清洁干净表面的水泥砂浆，用白色勾缝剂填缝，刷清漆。

主要材料：①仿古砖 ②红砖

用硅酸钙板在过道底端做出灯槽造型，整个墙面满刮三遍腻子，用砂纸打磨光滑，刷底漆、面漆，固定通花板。

主要材料：①白色乳胶漆 ②玻化砖 ③泰柚木饰面板

用湿贴的方式将文化石固定在楼梯踏步侧面，过道墙面满刮三遍腻子，用砂纸打磨光滑，刷底漆、面漆，安装实木踢脚线。

主要材料：①文化石 ②白色乳胶漆 ③仿古砖

过道墙面用水泥砂浆找平,用木工板做出储物柜柜体,剩余墙面用木工板,墙面及柜门用凹凸板饰面。用玻璃胶将茶镜固定在底板上,完工后用密封胶密封。

主要材料:①茶镜 ②仿古砖 ③白色乳胶漆

过道与休闲区用成品木花格装饰。用木工板做出地台,固定复合实木地板,安装成品木花格。

主要材料:①白色乳胶漆 ②复合实木地板 ③木花格

过道墙面用木工板做出隐形门造型,贴水曲柳面板后刷油漆。剩余墙面满刮三遍腻子,用砂纸打磨光滑,刷底漆、面漆。

主要材料:①复合实木地板 ②白色乳胶漆 ③水曲柳饰面板

过道两侧均用木花格装饰,令居室更加通透。在硬装基本完成后,用螺丝将定制的木花格固定在地面与吊顶间。

主要材料:①木纹砖 ②木花格 ③白色乳胶漆

过道墙面用杉木板饰面。整个墙面用水泥砂浆找平并作防潮处理，用气钉及胶水将松木板固定在墙面上，打磨干净，刷清漆。

主要材料：①仿古砖 ②杉木板 ③白色乳胶漆

过道背景墙面用水泥砂浆找平，整个墙面满刮三遍腻子，用砂纸打磨光滑，刷一层基膜，用环保白乳胶配合专业壁纸粉将壁纸固定在墙面上，最后安装踢脚线。

主要材料：①壁纸 ②仿古砖 ③有色乳胶漆

过道墙面用水泥砂浆找平，整个墙面满刮三遍腻子，用砂纸打磨光滑，刷底漆、有色面漆，最后安装实木踢脚线。

主要材料：①实木踢脚线 ②仿古砖 ③有色乳胶漆

过道背景墙面用水泥砂浆找平，整个墙面满刮三遍腻子，用砂纸打磨光滑，用快干粉将实木线条固定在墙面上，墙面刷底漆、面漆。最后安装踢脚线。

主要材料：①仿古砖 ②白色乳胶漆 ③实木线条

用木工板及硅酸钙板做出过道墙面上的凹凸造型及灯槽结构。整个墙面满刮三遍腻子，用砂纸打磨光滑，刷底漆和白色、有色面漆，最后安装不锈钢踢脚线。

主要材料：①白色乳胶漆　②不锈钢踢脚线　③复合实木地板

过道墙面用水泥砂浆找平，按设计图纸用木工板做出墙面上的线条。整个墙面满刮三遍腻子，用砂纸打磨光滑，刷底漆和白色、有色面漆，安装实木踢脚线。

主要材料：①白色乳胶漆　②玻化砖　③镜面

用木工板做矮柜造型，贴装饰面板后刷油漆。固定成品隔断及通花板。

主要材料：①金刚板　②白色乳胶漆　③通花板

过道部分墙面直接在红砖上刷水泥漆。剩余墙面满刮三遍腻子，用砂纸打磨光滑，刷底漆、面漆。

主要材料：①白色乳胶漆　②钢化玻璃　③红砖

过道墙面砌成弧形造型，用木工板做出鞋柜，贴装饰面板后刷油漆。剩余墙面满刮三遍腻子，用砂纸打磨光滑，刷底漆、面漆，安装实木踢脚线。

主要材料：①白色乳胶漆 ②仿古砖

过道背景墙面用水泥砂浆找平。整个墙面满刮三遍腻子，用砂纸打磨光滑，用肌理漆饰面，最后安装实木踢脚线。

主要材料：①肌理漆 ②玻化砖 ③实木踢脚线

过道背景墙面用水泥砂浆找平，用砂纸打磨光滑，刷底漆、面漆，将定制的通花板固定在墙面上。

主要材料：①仿古砖 ②复合实木地板 ③通花板

用木工板做出过道处储物柜造型，贴装饰面板后刷油漆。部分墙面满刮三遍腻子，用砂纸打磨光滑，刷一层基膜后贴壁纸。

主要材料：①黑镜 ②玻化砖 ③白色乳胶漆